GEÇMİŞTEN GÜNÜMÜZE

ELEKTRİK

Sean Stewart Price

Çeviri: Evra Günhan Şenol

TÜBİTAK
Popüler Bilim Kitapları

TÜBİTAK Popüler Bilim Kitapları 881

Geçmişten Günümüze - Elektrik
True Stories - The Story Behind Electricity
Sean Stewart Price
Tasarım: Philippa Jenkins ve Artistix
Resimleyen: Kerry Flaherty ve KJA Artists
Görsel Araştırma: Mica Brancic

Çeviri: Evra Günhan Şenol
Redaksiyon: Nihal Demirkol Azak
Türkçe Metnin Bilimsel Danışmanı: Prof. Dr. Aytekin Çökelez
Tashih: Simge Konu Ünsal

Text © Capstone Global Library Limited, 2009
Original Illustrations © Capstone Global Library Ltd.
Türkçe Yayın Hakkı © Türkiye Bilimsel ve Teknolojik Araştırma Kurumu, 2016

Bu yapıtın bütün hakları saklıdır. Yazılar ve görsel malzemeler,
izin alınmadan tümüyle veya kısmen yayımlanamaz.

*TÜBİTAK Popüler Bilim Kitapları'nın seçimi ve değerlendirilmesi
TÜBİTAK Kitaplar Yayın Danışma Kurulu tarafından yapılmaktadır.*

ISBN 978 - 605 - 312 - 090 - 2

Yayıncı Sertifika No: 15368

1. Basım Aralık 2017 (5000 adet)

Genel Yayın Yönetmeni: Mehmet Batar
Mali Koordinatör: Kemal Tan
Telif İşleri Sorumlusu: Zeynep Çanakcı

Yayıma Hazırlayan: Özlem Köroğlu
Grafik Tasarım Sorumlusu: Elnârâ Ahmetzâde
Sayfa Düzeni: Ekin Dirik
Basım İzleme: Özbey Ayrım

TÜBİTAK
Kitaplar Müdürlüğü
Akay Caddesi No: 6 Bakanlıklar Ankara
Tel: (312) 298 96 51 Faks: (312) 428 32 40
e-posta: kitap@tubitak.gov.tr
esatis.tubitak.gov.tr

Başak Matbaacılık ve Tanıtım Hizmetleri Ltd. Şti.
Macun Mahallesi Anadolu Bulvarı No: 5/15 Gimat Yenimahalle Ankara
Tel: (312) 397 16 17 Faks: (312) 397 03 07   Sertifika No: 12689

İçindekiler

- Ellerinizdeki Sihir 4
- Küçük Başlangıçlar.................... 6
- Elektrik Akımına Kapılmak 8
- Devreler 12
- Elektriğin Tarihi....................... 16
- Elektrik Dünyası 20
- Vücut Elektriği........................ 22
- Enerji Tasarrufu....................... 24
- Elektriğin Geleceği 26
- Zaman Tüneli 28
- Sözlük................................ 30
- Dizin.................................. 31

Kalın yazılan sözcüklerin anlamını 30. sayfadaki sözlükte bulabilirsiniz.

Ellerinizdeki Sihir

▲ Elektrik kehribarın tüyleri çekmesini sağlıyor.

Elektrik çoğu zaman sihri andırır. Sadece bir düğmeye dokunarak ışıkları yakabilir ya da müziği başlatabilirsiniz. Elektrik bize televizyon izleme şansı sunar. Dünyanın neresinde olursak olalım telefon konuşması yapmamıza da olanak sağlar.

Ancak elektrik sadece makineleri çalıştırmakla kalmaz. Ayrıca fırtına sırasında gökyüzünü de aydınlatır. Giysilerimizdeki "statik çekimi" oluşturur. Parmağınızı bükmeye çalışın. Elektrik bunu yapmanızı sağlayan sinyalleri gönderir. Köpekbalığı gibi bazı hayvanlar başka hayvanlardaki elektrik sinyallerini hissedebilir. Bu da onlara avlarını yakalamalarında yardımcı olur.

TEHLİKE!

Elektrik ölümcül olabilir. Elektrikle ilgili deneyler yaparken mutlaka bir yetişkine danışın.

Güçlü bir ilk

Thales adlı Yunan bilim insanı, elektrik üzerine çalışan ilk kişiydi. Bu, yaklaşık 2600 yıl önceydi. Thales sarı renkli, değerli bir taş olan kehribarı ovaladığında taşa garip bir şey olduğunu fark etti. Tüy gibi küçük, hafif nesneler sanki sihirli bir biçimde kehribara doğru hareket ediyordu. Thales bilmeden elektrik üretiyordu.

400 yıl öncesine kadar elektrik üzerine pek fazla çalışılmadı. O günden bu yana elektrik hayatımızın gitgide daha önemli bir parçası hâline geldi.

William Gilbert

MS 1600'de İngiliz bilim insanı William Gilbert *elektrik* kelimesini türetti. Bu kelimenin kökeni Yunanca'da *kehribar* için kullanılan kelimedir.

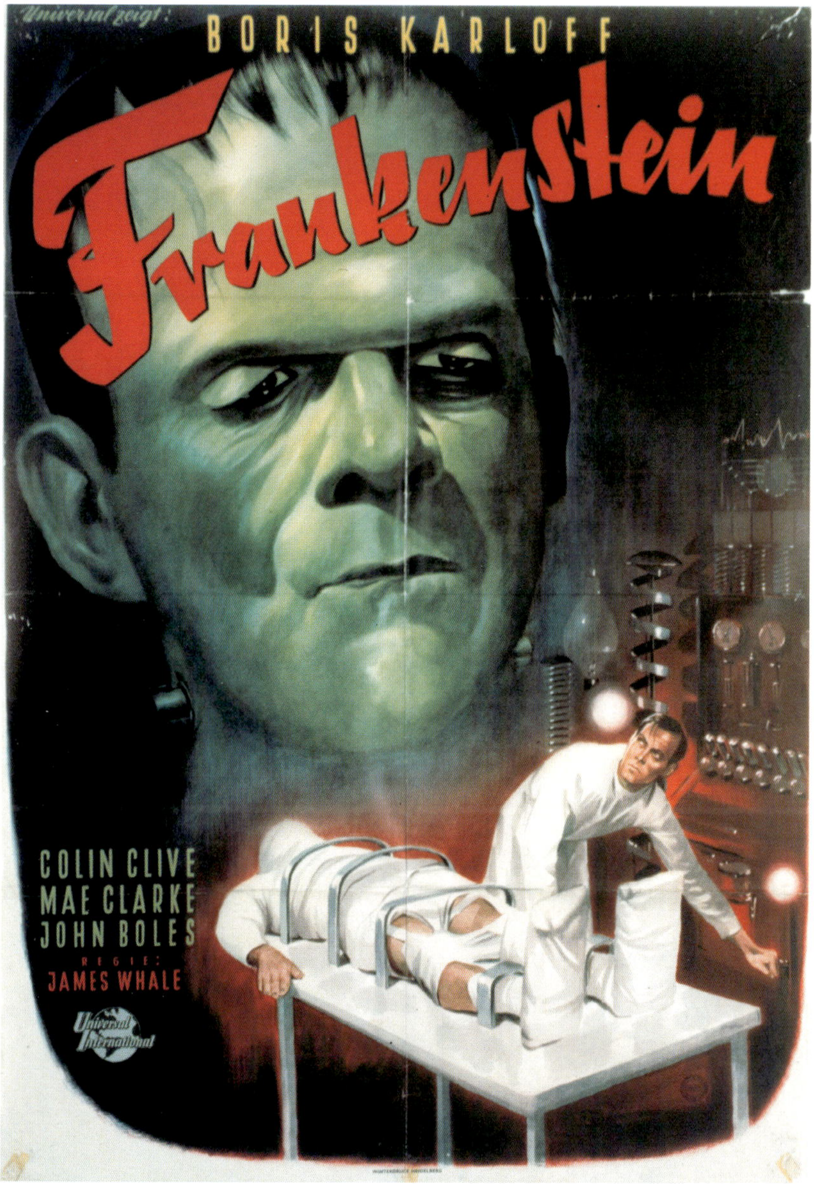

Mary Shelly'nin canavarı

1800'lerin başlarında insanlar, elektriğin ölü insanları diriltebileceğine inanıyordu. Bu görüş yanlıştı ancak yazar Mary Shelly'ye muhteşem bir fikir verdi. Shelly 1816'da bir roman yazdı. Bu roman vücut parçaları kullanılarak oluşturulan bir canavar hakkındaydı. Bu vücut parçalarına elektrik verilerek canavar canlandırılıyordu. Shelly kitabına *Frankenstein* adını verdi.

◀ Bu film afişi bir bilim insanının şalteri kaldırarak Frankenstein'ın canavarını canlandırışını gösteriyor.

Küçük Başlangıçlar

▲ Bu toplu iğne çok yüksek oranda büyütülmüş olmasına rağmen atomlar o kadar küçüktür ki hâlâ onları göremeyiz.

Peki, elektrik nedir? Elektrik bir **enerji** türüdür. Enerji ise bir tür güçtür. Bu nedenle bilim insanları "elektrik" yerine "elektrik enerjisi" ifadesini kullanmayı tercih eder. Elektrik enerjisi gözle görülemeyecek kadar küçük bir düzeyde, **atomlar** düzeyinde ortaya çıkar.

Her şey atomlardan oluşur. Atomlar çok miniktir. Bir toplu iğnenin başında milyarlarca atom bulunur. Atomların içindeyse **parçacık** adı verilen daha da küçük nesneler vardır. Parçacıklar bir atomun çekirdeğinde yani merkezinde bulunur.

Bir atomun içindeki parçacıkların çoğu **yüklü**dür, yani bir miktar elektrik taşırlar. Parçacıkların farklı türleri vardır:

Parçacık	Yük Türü
proton	pozitif yük
nötron	yüksüz
elektron	negatif yük

Atomların çoğunda pozitif **protonlar** ile negatif **elektronlar** eşit sayıda bulunur. Bu, atomun kendisinin nötr olması anlamına gelir. Atom belli bir elektrik yüküne sahip değildir.

Enerji kaynakları

Atomun nötr olma durumu değişebilir. Bir enerji kaynağı elektronları bir atomdan diğerine hareket ettirebilir. Söz konusu enerji kaynağı bir motor ya da **pil** olabilir. Bir fırtına bulutu da olabilir. Ayakkabılarını halıya sürten biri bile olabilir.

Enerji kaynağı elektronları harekete geçirir. Bu elektron akışına **akım** adı verilir (bkz. diyagram). Bir akım oluştuğunda atomlar nötr olmaktan çıkar. İçinde elektrondan daha fazla proton bulunan atomlar pozitif yüklü olur. İçinde protondan daha fazla elektron bulunan atomlar ise negatif yüklü olur.

Ne kadar küçük?

Atomun parçacıkları o kadar küçüktür ki onları hayal etmesi bile zordur. Pozitif yüklü bir protonun yarıçapı yaklaşık 0, 84 femtometredir (Bir femtometre bir metrenin milyarda birinin milyonda biri kadar bir uzunluktur.). Ancak bu bile negatif yüklü elektronların boyutuna kıyasla çok çok büyüktür. Bir elektron, protondan en az 1000 kat daha küçüktür.

▼ Bu diyagram elektronların bir atomun çekirdeğini nasıl sardığını gösteriyor.

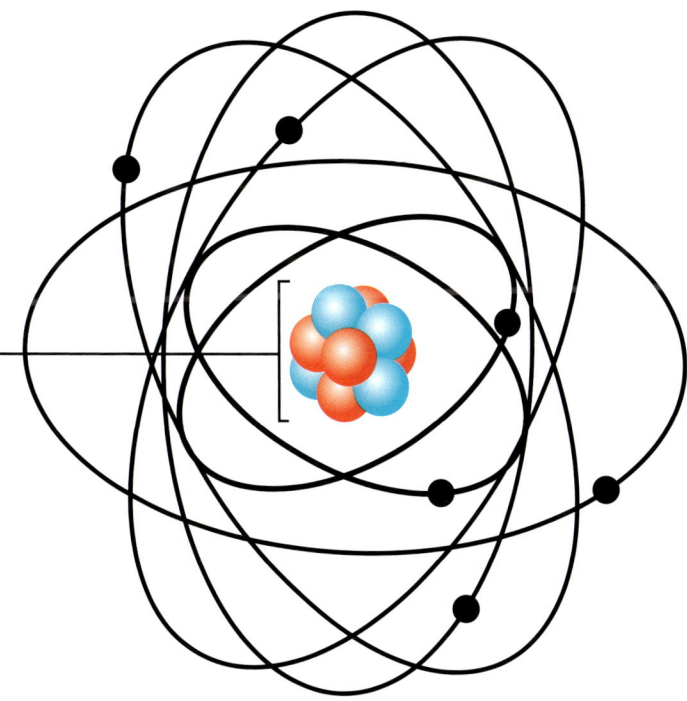

Elektrik Akımına Kapılmak

▶ Bakır bobin iyi bir elektrik iletkenidir.

İletken maddeler elektrik **akımı**nın kolayca akmasına izin verir. Örneğin metaller çok iyi iletkenlerdir. Bunun bir nedeni **elektronlar**ının atomlarından kolayca ayrılmasıdır. Bir metal parçasına elektriksel kuvvet ile dokunmak bu "serbest" elektronların hızla hareket etmesine neden olur. Bu elektronlar da elektrik akımını oluşturur. İyi iletken görevi gören başka maddeler de vardır. Tuzlu su ve hatta insan vücudu da bu maddeler arasındadır.

Yalıtkanlar

Yalıtkan, iletkenin tam tersidir. Bir yalıtkan elektrik akımının serbest biçimde akmasını engeller. Plastik, cam ve ahşap iyi yalıtkanlardır. Atomlarındaki elektronlar serbestçe hareket edemez. Elektriksel kuvvetle bir yalıtkana dokunun. Ne olur? Akım hiçbir yere gitmez. Elektrik telleri genellikle çok iyi bir iletken olan bakırdan yapılır. Ancak bu bakır çoğu zaman bir yalıtkan olan plastik ile kaplı olur. Böylece insanlar kabloları güvenle tutup prize takabilir.

Yarı iletkenler

Bazı malzemeler iletken ya da yalıtkan olabilir. Bu malzemelere **yarı iletkenler** denir. Çoğunlukla kumda bulunan silikon çok bilinen bir yarı iletkendir. Bilgisayarlar, DVD oynatıcılar ve diğer cihazlar elektrik sinyallerini resim ve ses oluşturmak için kullanır. Bu sinyaller silikondan yapılmış küçücük parçalar arasından geçerek ilerler.

Yarı iletkenlerden yapılmış yarı iletkenler

Silikondan (yani bir yarı iletkenden) yapılmış bir cihazın parçalarına da yarı iletken denir. Diyot basit bir yarı iletkendir. Diyotlar elektrik akımının yalnızca bir yönde akmasına izin verirken geriye doğru akmasına izin vermez. Ters yöne akan bir elektrik akımı el feneri gibi elektrikli bir cihazın bozulmasına neden olabilir. Diyot, insanların **pilleri** ters takması durumunda akımın geçmesine izin vermeyerek el fenerini korur.

▼ Plastik, bakırdan yapılmış elektrik tellerine güvenle dokunabilmemizi sağlayan iyi bir yalıtkandır.

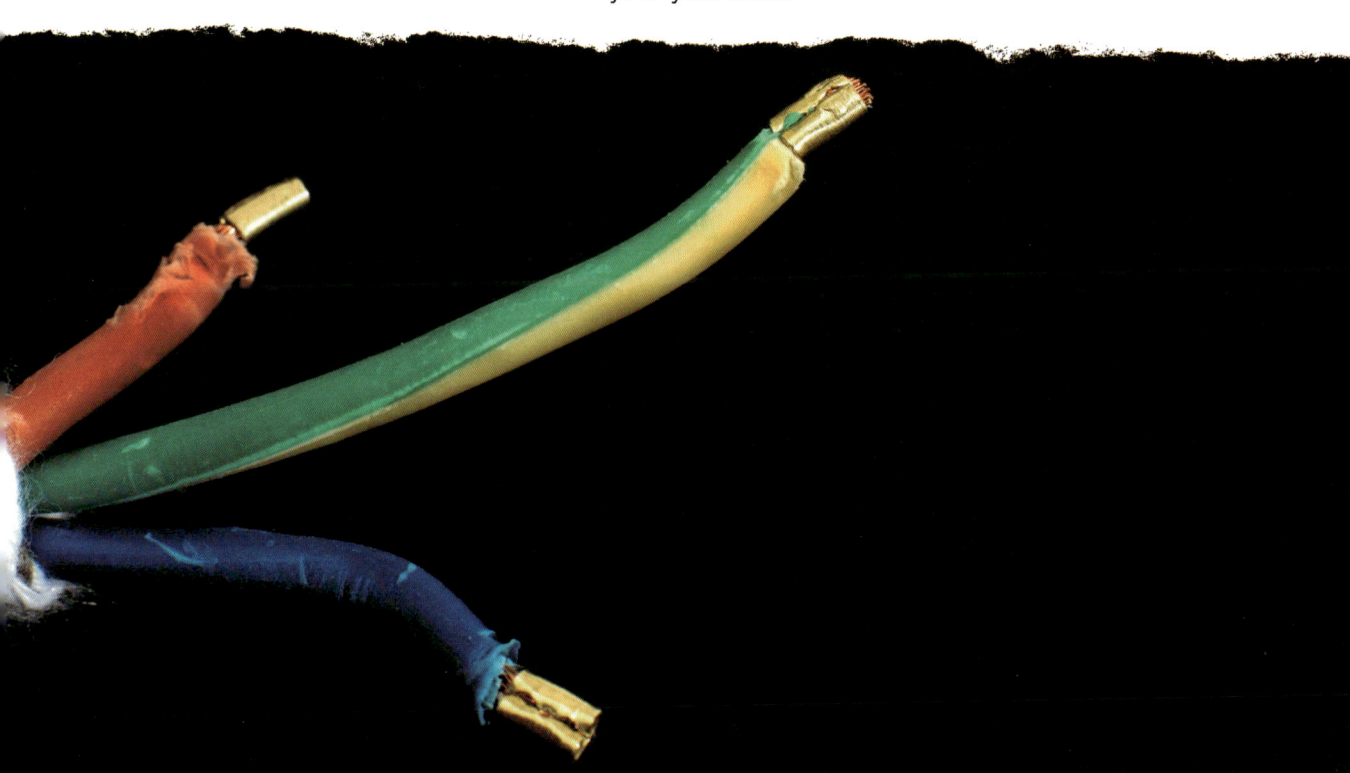

▶ Statik elektrik nesnelerin birbirine yapışmasına neden olabilir.

Statik elektrik ve akım elektriği

Elektrik **enerjisi** iki biçimde ortaya çıkar. Birincisi **statik elektrik**tir. İkincisi ise **akım elektriği**dir.

Statik elektrik

Elektronları hatırlıyor musunuz? Daha önce açıkladığımız gibi, elektronlar atomun içinde bulunan negatif **yüklü parçacıklar**dır. Statik elektrik, elektronların birikmesi veya azalmasıdır. Bu negatif yük biriktiği zaman zıt yüklü nesneleri kendine çeker. Bir balonu tişörtünüze sürtün. Böyle yaptığınızda balonda statik elektrik birikir. Böylece balon tişörtünüze yapışır.

Biriken statik yük aynı zamanda boşaltılabilir. Ayakkabılarınızı halıya sürtün. Bu, üzerinizde statik elektrik oluşmasına neden olur. Ayakkabılarınızı sürttükten sonra bir kapı koluna dokunun. Sizi çarpan elektrik, üzerinize yüklenen statik elektriktir. Kapı koluna dokunduğunuzda bu elektrik sizden kapı koluna geçer.

Akım elektriği

Akım elektriği sürekli bir elektron akışıdır. Elektronlar bir nesneden diğerine geçer. İletken bir nesnenin içinden geçerler. Örneğin elektronlar duvardaki prizden metal bir tel aracılığıyla buzdolabınıza akar ve oradan da geriye akar. Elektrik enerjisi yiyeceklerinizi soğuk tutar.

▼ Elektrik akımı bir pusula iğnesinin hareketini etkileyebilir.

Elektromanyetizma

Dünya zayıf bir manyetik alan (yani manyetik çekimi olan bir alan) oluşturur. Bu da pusula iğnelerinin kuzeyi ya da güneyi göstermesine neden olur. Ancak 1820'de Danimarkalı bilim insanı Hans Christian Oersted bir pusulanın garip hareket ettiğini fark etti. Pusulanın iğnesi bir elektrik akımınına yaklaştığında hızla titriyordu. Fransız bilim insanı André-Marie Ampère, bunu temel alarak aynı yıl manyetizma ile elektrik enerjisi arasındaki ilişkiyi gösterdi. Günümüzde bilim insanları bu ilişkiye **elektromanyetizma** adını verir. Elektromanyetizma bir elektrik akımı tarafından da oluşturulabilir (bkz. sayfa 20).

Devreler

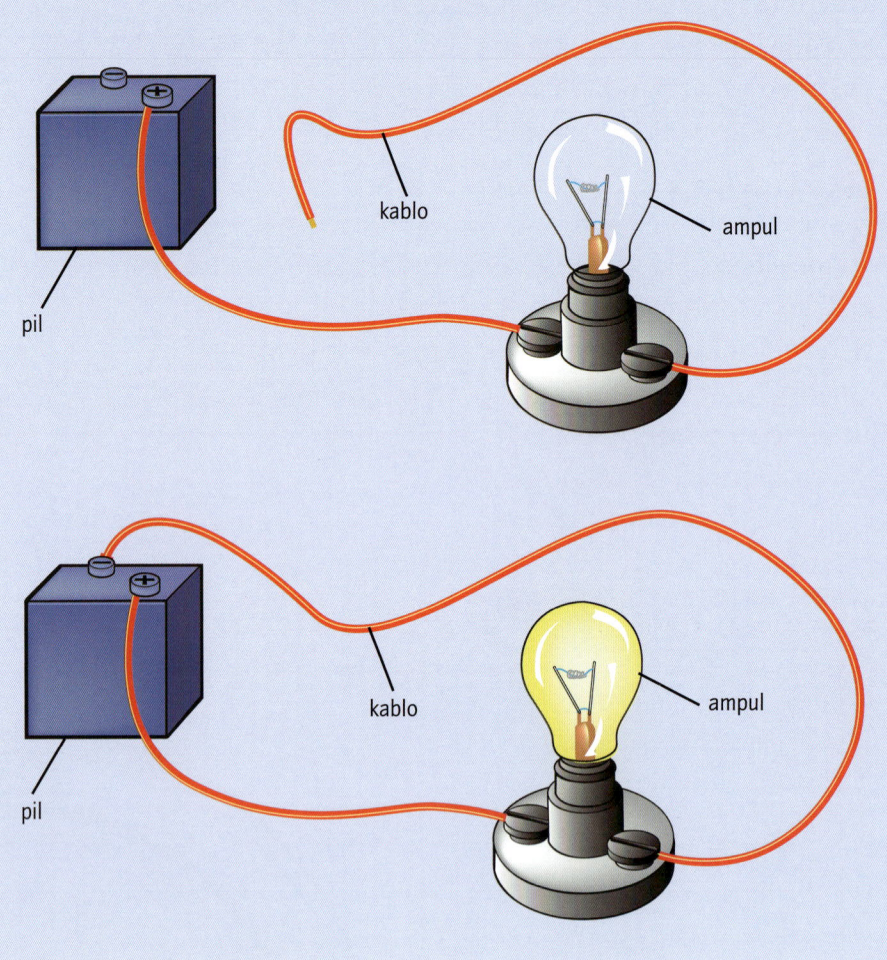

▲ Elektriğin devrenin içinden akıp geçebilmesi için devrenin bütün parçalarının birbirine bağlanmış olması gerekir.

Devre, elektriğin aktığı dairesel bir yoldur. Kablolar aracılığıyla bir ampulü bir **pil**e bağlayabilirsiniz (bkz. yukarıdaki diyagram). Ampul bağlanınca devre kapanır, yani tamamlanır. Pilin negatif ucu negatif **yüklü elektronları** iter. Pozitif uçta ise pil negatif yüklü elektronları kendine çeker. Bu da elektronların pilin ve ampulün içinden hızla geçip devridaim yapmasına neden olur. Bunun sonucunda da ampul yanar.

Bir büyük devre

Evde ışığı yakmak için elektrik düğmesine basmanız da bir devreyi tamamlar. Bu devrenin bir ucu **elektrik santrali**ne kadar uzanır. Elektrik santrali elektriğin üretildiği binadır (bkz. aşağıdaki diyagram). Süreç şu adımlardan oluşur:

1. Çoğu elektrik santrali kömür, doğal gaz ya da benzin gibi bir yakıt yakarak ısı **enerji**si üretir. Bazı santraller nükleer enerji kullanır. Nükleer enerji **atom**ları parçalayarak elde edilir. Daha az sayıda santral ise rüzgâr ya da güneş enerjisi kullanır (bkz. sayfa 27).

2. Yakıtın yanmasıyla buhar oluşur. Buhar, **jeneratör** adı verilen bir makineyi çalıştırır. Jeneratörler elektrik enerjisi üretir.

3. Jeneratör elektronları bir kablo boyunca iter ve çeker.

4. Enerji nakil hattı adı verilen kablolar elektrik enerjisini uzak mesafelere taşır.

5. Nakil hatları, elektriği yaşadığınız yerdeki elektrik hatlarına taşır.

6. Elektrik hatları evinize ulaşır.

7. Elektrik düğmesine basmanız devreyi tamamlar. Işık yanar.

▼ Bu diyagram evde kullandığımız elektriğin bir devre boyunca nasıl aktığını gösteriyor.

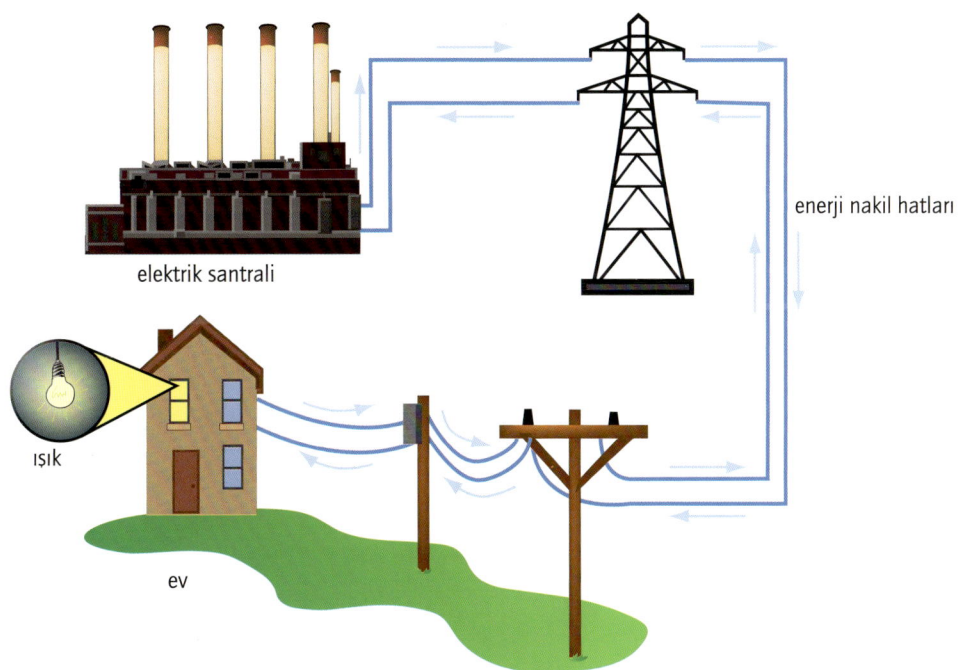

Kısa devre nedir?

Bir devrede, elektrik akımı planlanmış bir yol üzerinde hareket eder. Çoğunlukla kablolardan aşağı ilerler. **Kısa devre** ise elektrik akımı planlanmamış bir kısa yola saptığında ortaya çıkar. Bu durum çoğunlukla iki kablonun metal kısımları birbirine dokunduğunda ortaya çıkar. Böyle bir şey gerçekleştiğinde her iki kablo da kısa sürede elektrik akımı ile aşırı yüklenir. Kablolar aşırı ısınarak yangına neden olur.

Doğru Akım/Alternatif Akım (AC/DC)

Elektrik akımı iki şekilde iletilebilir. Önceleri en yaygın olanı **doğru akımdı (DC)**. Doğru akım devresinde elektrik yükü sadece tek bir yöne doğru akar. Yük, bir pistte yarışan koşucular gibi hareket eder. Akım sabittir ve devre kesilene kadar durmaz. El feneri, radyo ve birçok başka alet gibi pille çalışan hemen hemen her şey, doğru akım kullanır. Ayrıca arabalarda farları ve ön paneldeki gösterge ışıklarını yakmak için de doğru akım kullanılır.

İnsanlar, doğru akımın çok uzak mesafelere erişemediğini fark ettiler. Bu yüzden de **alternatif akım (AC)** kullanmaya başladılar. Alternatif akım yükleri, uzun mesafeleri kat eden teller üzerinde çok hızla ileri geri titreşir. Bu, iki tenis oyuncusunu karşılıklı olarak topa vururken izlemek gibidir. Ancak buradaki top ışık hızında ilerler. Alternatif akım, elektrik enerjisini elektrik hatları üzerinden iletmek için kullanılır. Bu elektrik enerjisi de evlere ve iş yerlerine ulaşır.

▶ Tost makinesi alternatif elektrik akımı kullanır.

Nikola Tesla

1883'te Amerikalı bilim insanı Nikola Tesla ilk alternatif akım motorunu icat etti. Alternatif akım, elektriğin uzun mesafelere iletilmesinde doğru akımdan daha iyi işe yarıyordu.

Tesla birçok başka şey de icat etti. Örneğin, floresan ışık icatları arasındaydı. Tesla radyo üzerine de pek çok çalışma yürüttü. İcatları radyonun yapılabilmesine olanak sağladı.

▲ Tesla'nın yaptığı birçok deney sonucu elektrik günlük hayatımızda kullandığımız bir şey hâline geldi.

Elektriğin Tarihi

Elektrik enerjisiyle ilgili bugün bildiğimiz şeyleri keşfetmemize bir dizi bilim insanı önayak oldu.

Statik elektrik üzerine çalışmalar

1660 yılında Otto von Guericke adlı Alman bilim insanı **statik elektrik** üreten bir makine icat etti. İlerleyen zamanlarda bilim insanları bu makineyi statik elektriği incelemek üzere kullandı.

1700'lu yılların ortalarında ABD'li mucit ve politikacı Benjamin Franklin elektrikle ilgili daha fazla bilgi edinmek üzere harekete geçti. Franklin birçok deney yaptı. Bu deneyler ona statik elektriğin yıldırıma çok benzediğini gösterdi. Ancak statik elektriğin boyutu daha küçüktü. Franklin yıldırımın bir tür elektrik enerjisi olduğunu fark etti.

Bu, büyük bir keşifti. O zamanlar, yıldırım çok büyük bir sorundu. Kiliselerin çan kuleleri gibi yüksek binalara sık sık yıldırım çarpıyordu. Bu da can kaybıyla sonuçlanan yangınlara neden oluyordu. İnsanlar kilise çanlarını çalarak havanın bozduğunu diğerlerine haber veriyordu. Zaman zaman çanı çalan kişilere yıldırım çarpıp onları öldürüyordu.

◀ Benjamin Franklin'in bu portresi onun elektriğe olan ilgisini gösteriyor.

1660
Alman mucit Otto von Guericke statik elektrik üreten bir makine icat ediyor.

1650 1700

Paratoner

Franklin **paratoneri** icat etti. Paratoner, ucuna bir kablo tutturulmuş olan metal bir çubuktur. Franklin paratonerini yüksek binaların üzerine yerleştirdi. Daha sonra da ucundaki kabloyu toprağa kadar uzattı. Yıldırım çoğunlukla paratonere çarpar. Bunun nedeni paratonerin çoğu zaman çatıdaki en yüksek nesne olmasıdır. Elektrik paratonere bağlı kabloyu izleyerek çevreye zarar vermeden toprağa ulaşır. Franklin'in icadı günümüzde yüksek binalarda hâlâ kullanılıyor.

Batarya

1800'de Alessandro Volta adlı İtalyan bilim insanı ilk **batarya**yı icat etti. Batarya metalleri ve kimyasalları kullanarak elektrik enerjisi üretmeye yarayan bir şeydir (bkz. sayfa 21). Bataryalar günün birinde modern elektrik için temel güç kaynakları hâline gelecekti.

▲ Bu fotoğraf Avustralya'nın Sidney kentinde şimşek çakarken bir binanın tepesindeki paratonere düşen yıldırımı gösteriyor.

Volt

Birçok elektrik teriminin adı kendilerini icat eden kişilerden gelir. Adını Alessandro Volta'dan alan volt, elektriği bir **akım** boyunca iten kuvveti ölçer.

1752
ABD'li mucit ve politikacı Benjamin Franklin yıldırımın statik elektrik birikimi olduğunu ortaya koyuyor.

1800
İtalyan bilim insanı Alessandro Volta ilk bataryayı üretiyor.

Michael Faraday

1821 yılında İngiliz bilim insanı Michael Faraday elektrikli motorun ilk versiyonlarından birini üretti (bkz. sayfa 20-21). Mekanik hareketi (yani makinelerin ürettiği hareketi) ortaya çıkarmak için ilk defa bir mıknatıs ve elektrik akımı kullanılıyordu. Faraday daha sonra dinamoyu keşfetti. Dinamo tam tersini yapıyordu. Mekanik hareketi elektrik enerjisine dönüştürüyordu. Bu yeni güç kaynağı günümüzde kullandığımız **jeneratör**lerin üretilmesine önayak olacaktı.

Thomas Edison ve bir sonraki adım

1879'da ABD'li mucit Thomas Edison çalışan ilk ampulü icat etti. O zamanlar, birçok kişi aydınlatma için mum kullanıyordu. Bazıları ise bir tür gaz yağı olan keroseni ve gaz lambalarını kullanıyordu. Bütün bu aydınlatma araçları kötü kokuyor ve yangına neden oluyordu. Edison'un ampulü bütün bunları değiştirme potansiyeline sahipti.

Telgraf ✓

1800'lerin ortalarına gelindiğinde elektrik enerjisi ile çalışan yeni makineler kullanılıyordu. En önemlilerinden biri telgraftı. Telgraf, mesajları elektrik **yük**lerini kullanarak bir tel aracılığıyla iletiyordu.

▶ Burada Thomas Edison çalışan ilk ampulün birebir kopyası ile görülüyor.

1821
İngiliz bilim insanı Michael Faraday elektrikli motorun ilk versiyonlarından birini üretiyor.

1831
Faraday dinamoyu keşfediyor. Dinamo mekanik hareketi elektrik enerjisine çeviriyor.

1837
ABD'li mucit Samuel Morse telgrafı icat ediyor.

1820　　1830　　1840　　1850

▲ Edison ayrıca ses kaydı yapan ve grafafon adını verdiği bu makineyi de icat etmiştir.

İnsanların evlerine elektrik temin etmelerinin hiçbir yolu yoktu. Bu nedenle Edison bir **elektrik santrali** kurmaya başladı. 4 Eylül 1882'de Edison New York şehrindeki Pearl Street Elektrik Santrali'nde bir düğmeye bastı ve böylece santralin 85 müşterisinin ev ve işyeri aydınlandı. Bu kişiler elektrikle aydınlatmadan faydalanan ilk kişiler oldu.

Binlerce kişiye elektrik

1883'te Amerikalı mucit Nikola Tesla elektriğin daha uzun mesafelere aktarılmasını sağlayacak bir yol buldu. Bunu **alternatif akım** enerjisini kullanarak başardı (bkz. sayfa 14-15). Elektrik santralleri artık binlerce kilometre mesafeye ve binlerce insana elektrik enerjisi sağlayabiliyordu. Elektriğe olan talep arttı. Günümüzde çoğu insan elektriksiz bir hayatı hayal bile edemiyor.

1879	1882	1883
ABD'li mucit Thomas Edison ilk çalışan ampulü icat ediyor.	Edison'un Pearl Street Elektrik Santrali evleri ve iş yerlerini elektriğe kavuşturuyor.	ABD'li mucit Nikola Tesla alternatif akım oluşturan bir motor icat ediyor.

1860   1870   1880   1890

Elektrik Dünyası

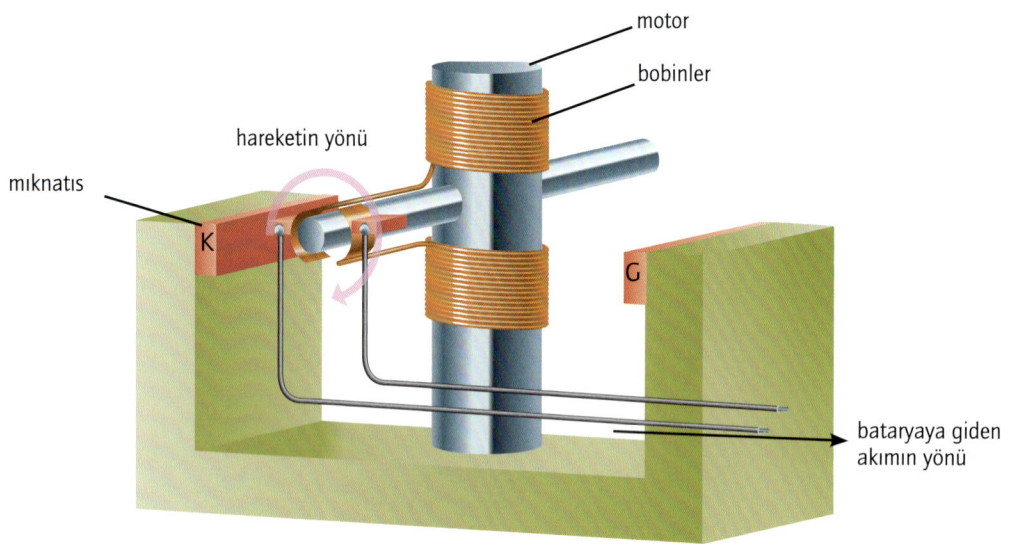

▲ Elektrikli motor elektromıknatısları ve mıknatısları kullanarak bir dönüş hareketi ortaya çıkarır.

1800'lü ve 1900'lü yıllarda yapılan icatlar, oyuncaklardan uzay mekiklerine kadar her şey için enerji kaynağı bulunmasının önünü açtı. Şimdi bu enerji kaynaklarının bazılarının nasıl çalıştığına bir bakalım.

Elektrikli motorlar ve elektromıknatıslar

Elektrikli motoru anlayabilmek için önce **elektromıknatısları** anlamanız gerekir. Bunlar, elektrik **akımı** kullanılarak oluşturulan mıknatıslardır.

Bir teli büyük bir çivinin etrafına 10 defa sararak siz de kendi elektromıknatısınızı oluşturabilirsiniz. Teli bir **batarya**nın iki ucuna bağlayın. Elektrik telden akar. Bu da çivinin bir mıknatıs gibi çalışmasını sağlar. Hem elektrik hem de manyetizma (mıknatıs) söz konusu olduğunda zıt kutupların birbirini çektiğini hatırlayın. Çubuk şeklinde bir mıknatıs alın ve pozitif kutbunu çividen yaptığınız elektromıknatısa yaklaştırın. Çubuk mıknatıs, elektromıknatısın negatif kısmına doğru çekilecektir. Pozitif kısmından ise uzağa doğru itilecektir.

Elektrikli motor

Elektrikli motorun işi elektriği harekete çevirmektir. Her motorun içinde bobin adı verilen bir tel spiral vardır (bkz. diyagram). Bu bobin iki çubuk mıknatısın arasında asılıdır. Elektrik akımı bobinin içinden geçer. Bu da bobini bir elektromıknatısa çevirir. Bobin mıknatıslardan birine doğru çekilir. Ancak diğer mıknatıstan da uzağa itilir. Bu da bobinin dönmesine neden olur. Dönen bobin makineye enerji sağlar.

Bataryaların çalışma biçimi

Modern makinelerin çoğu elektrik **enerji**sini bataryalardan alır. Bataryalar kimyasallardaki bir değişim sayesinde çalışır. Değişim, elektrot adı verilen iki metal arasında gerçekleşir. Elektrolit adı verilen bir sıvı metaller arasındaki değişimi tetikler. Birçok farklı metal ve kimyasal kullanılarak batarya yapılabilir.

▼ Bataryalar günlük nesnelerden de yapılabilir. Burada elektrikli bir saati çalıştırmak için patateslerin kullanıldığını görüyorsunuz.

Vücut Elektriği

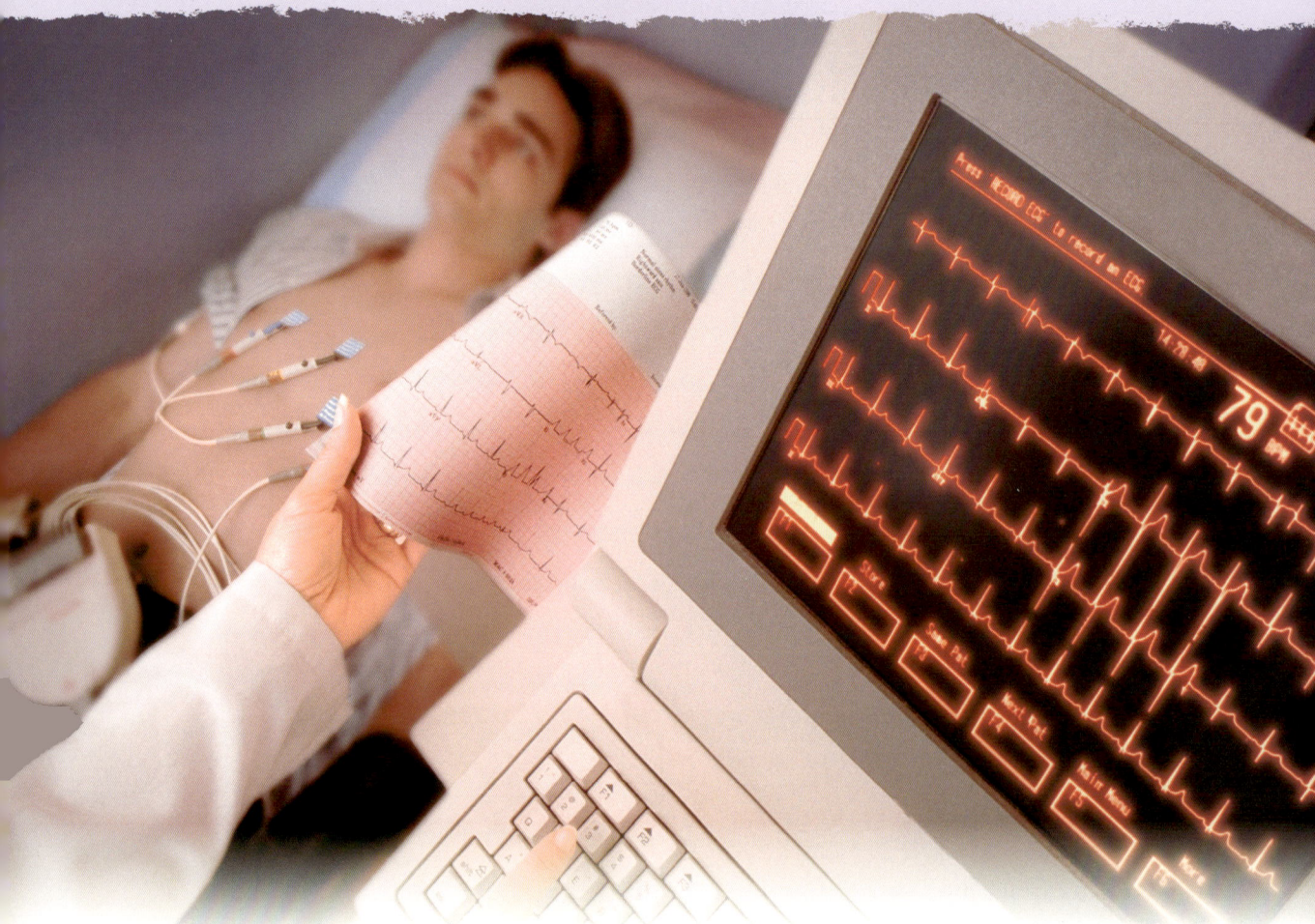

▲ Makineler insan vücudundaki elektriği saptayabilir.

Elektrik **yükü** vücudumuzu bir arada tutar. Vücudun **atom**larının her biri diğer atomlarda bulunan yüke doğru çekilir. Bu çekim olmadan, vücutlarımız ve evrendeki diğer her şey milyarlarca küçük parçaya ayrılır ve boşlukta uçardı.

Elektrik **enerji**si organlarımızın çalışmasını da sağlar. Sinirler elektrik sinyallerini bütün vücudumuzda dolaştırır. Örneğin, kalpteki bir grup sinir onun çarpmasını sağlayan elektrik sinyalleri gönderir. Bu sinyaller zayıf sinyallerdir. Sinyaller ancak elektrokardiyograf (EKG) adlı bir cihaz ile tespit edilebilir. EKG'de kalbin elektrik sinyalleri bir dizi dalgalı çizgi hâlinde görülür.

Beyin bütün vücuda elektrik sinyalleri gönderir. Bu sinyaller kaslara hareket etmelerini söyler ve organları çalıştırır. Elektroensefalograf (EEG) adı verilen bir cihaz beyindeki elektrik sinyallerini gösterir.

Elektrikleriyle çarpan canlılar

Hayvanların vücudu da elektrik sayesinde çalışır. Bazı hayvanlar bir adım daha ileriye gidebilir. Bu hayvanların kendisi elektrik üretir, hem de çok! Elektrikli yılan balığı elektrik enerjisi kullanarak avını sersemletir. Elektrikli yılan balığına dokunmak insanı öldürmez. Ancak elektrik çarpmasına yol açar. Çoğu kişi böyle bir yılan balığına dokunduktan sonra saatlerce acı çeker. Böylesi bir elektrik çarpması daha küçük hayvanları öldürebilir ya da hareketsiz kalmalarına neden olabilir.

Karınca istilası

2002'de Teksas eyaletinin Houston kentinde yaşayanlar karıncaların bilgisayarlarına girip çıktığını fark ettiler. Karıncalar başka elektrikli aletleri de ele geçirmişlerdi. Bu karıncalar, bir gemiyle şans eseri Teksas'a gelen sıra dışı karıncalardı. Elektrikli aletleri çok seviyor ancak onlara büyük zarar verebiliyorlardı. Çoğu zaman elektrik kablolarını kaplayan koruyucu kaplamaları çiğniyorlardı. Bu da **kısa devreye** neden olarak makineleri bozabiliyordu.

▼ Elektrikli yılan balığı vücudundaki elektriği kullanarak yemek istediği küçük hayvanları sersemletir.

Enerji Tasarrufu

▲ Bunun gibi ampuller diğer ampul türlerinden daha az enerji tüketir.

Elektrik, temiz bir **enerji** türüdür. Evdeki kablolardan akan **elektronlar kirliliğe** (havanın kirlenmesine) neden olmaz. Maalesef elektriği üretmek kirliliğe neden olur. İnsanlar elektrik enerjisi üretmek için kömür ve petrol gibi yakıtları yakmak zorundadır. Bu yakıtların yanması kirliliğe neden olur.

Eğer insanlar kullandıkları elektriğin miktarını azaltırsa hava kirliliğini de azaltabilir. Kömür ve petrol gibi birçok yakıt türü dünya genelinde çok talep görür. Bu da pahalı olmalarına neden olur. İnsanlar enerji kullanım oranlarını azaltırlarsa bu yakıtlardan tasarruf edebilirler.

Enerji tasarruf etmenin yolları

Enerji tasarrufu için aşağıdaki yöntemlerden bazılarını evde deneyin:

- Evlerdeki enerji tüketiminin yaklaşık yarısı ısıtma ve soğutmadan kaynaklanır. Klimalarınızı ve evi ısıtmak için kullandığınız araçları daha az kullanın.

- Enerjinin yaklaşık üçte biri ışıklar, ocaklar ve diğer makineler için kullanılır. Kullanmadığınız zamanlarda elektrikli aletleri ve ışıkları kapatın.

- Satın alırken daha az enerji tüketen ürünleri tercih edin. Ayrıca, eski tip akkor ampuller yerine floresan ampuller kullanın. Bu tür ampuller daha az enerji harcar.

▼ Elektrik ülkenin bir ucundan diğerine elektrik hatları aracılığıyla iletilir.

Elektriğin güvenle kullanılması ✓

Elektrik, elektrik çarpmalarına ve yangınlara neden olabilir. Her yıl binlerce insan elektrik çarpması ve yangın nedeniyle zarar görür ya da hayatını kaybeder. Aşağıda güvenliğiniz için birkaç ipucu bulabilirsiniz:

- Islakken ya da ayaklarınız suyun içindeyken asla elektrikli makinelere dokunmayın.
- Elektrik kablolarına dokunurken dikkatli olun. Yıpranmış ya da kopmuş kabloları kullanmayın. Tek bir prize çok fazla sayıda kabloyu bağlamayın. Kabloları halıların ya da mobilyaların altından geçirmeyin.
- Elektrik hatlarından uzak durun. Yere düşmüş elektrik tellerinden uzak durun. Elektrik hatlarının yakınında uçurtma uçurmayın ya da elektrik direklerine tırmanmayın.

Elektriğin Geleceği

▲ Güneş panelleri cep telefonlarını şarj etmek için kullanılabilir.

Elektrik **enerjisi** dünyayı birçok açıdan değiştirdi. Ancak bu değişimlerin hepsi iyi yönde gerçekleşmedi.

Elektrik enerjisi üretilirken petrol ve kömür gibi yakıtlar kullanılıyor. Bu yakıtlar sadece hava ve su **kirliliğine** neden olmakla kalmayıp Dünya ikliminin (uzun vadeli hava durumunun) de değişmesine neden oluyorlar. Dünya'nın sıcaklığı her 100 yılda 1,1 ila 2,2 derece artış gösteriyor. Bu, Kuzey ve Güney kutup bölgelerindeki buzları eritmeye yetecek bir artış. Böyle bir erime de denizlerin yükselmesini beraberinde getirir. Sıcaklıkta yaşanan artış ayrıca bütün dünyada normalden daha güçlü fırtınaların çıkmasına neden olur.

Güneşi ve rüzgârı kullanmak

Elektrik enerjisi üretmek için yeni, "daha temiz" yollara ihtiyacımız var. Temiz enerji üretmenin en önemli yollarından biri güneş panelleri kullanmaktır. Güneş panelleri çoğunlukla silikon ve camdan yapılır. Güneş panelleri, güneşten gelen enerjiyi alıp bu enerjiyi elektriğe çevirir. Bu panellerin kurulumu pahalı olsa da güneş paneli kullanan ev ve işyerlerinin sayısı gitgide artıyor.

Başka bir enerji kaynağı ise rüzgârdır. Rüzgâr, devasa rüzgâr türbinlerini döndürür. Bu da elektrik enerjisine dönüştürülebilecek enerjiyi ortaya çıkarır. Ancak rüzgâr devamlı esmez. Bu yüzden insanlar sürekli olarak rüzgâr enerjisine güvenemez. Ayrıca rüzgârlı bölgelerde çok fazla elektrik hattı da bulunmaz. Bu nedenle elde edilen enerji insanların evlerine taşınamaz.

Elektrik enerjisi üretme biçimleri zamanla değişebilir. Ancak elektrik her zaman hayatımızın önemli bir parçası olarak kalacaktır.

Elektrikli arabalar

Petrol kaynakları günün birinde tükenecek. Bu yüzden birçok kişi elektrikli arabaları tercih ediyor. Bu tür arabaların bazıları bir elektrik prizine bağlanarak kendilerine gerekli enerjiyi depolar. Diğer elektrikli arabalara hibrit adı verilir. Bu araçların motorları çalışırken zaman zaman benzin kullanır. Geriye kalan zamanlarda ise elektrikli bir **batarya**yı kullanarak çalışırlar.

▼ Bu elektrikli araba bataryasını şarj ediyor.

Zaman Tüneli

Tarihler çoğunlukla yaklaşık olarak verilmiştir.

MÖ 640-546
Thales adlı Yunan bilim insanı elektrik **enerji**si üzerine çalışan ilk kişi oluyor.

MÖ 500

1800
İtalyan bilim insanı Alessandro Volta ilk **batarya**yı (pili) icat ediyor.

1800

1816
Mary Shelly **Frankenstein**'ı yazıyor.

1837
ABD'li mucit Samuel Morse telgrafı icat ediyor. Telgraf insanların uzak mesafelerle hızlı biçimde iletişim kurmasını sağlar. Bu icat günlük hayatta önemli değişiklikler sağlayan ilk elektrikli araçtır.

1840

1850

1879
ABD'li mucit Thomas Edison ilk çalışan ampulü icat ediyor.

1882
Edison'un Pearl Street **Elektrik Santrali** evleri ve iş yerlerini elektriğe kavuşturuyor.

1883
ABD'li mucit Nikola Tesla **alternatif akım (AC)** oluşturan bir motor icat ediyor. Bu icat elektrik enerjisinin uzun mesafeli elektrik hatları boyunca iletilmesine olanak sağlıyor.

1880

 Bu sembol zaman tünelinde bir ölçek değişikliği olan veya önemli bir gelişme yaşanmadığı için uzun zaman aralıklarının atlandığı yerleri gösterir.

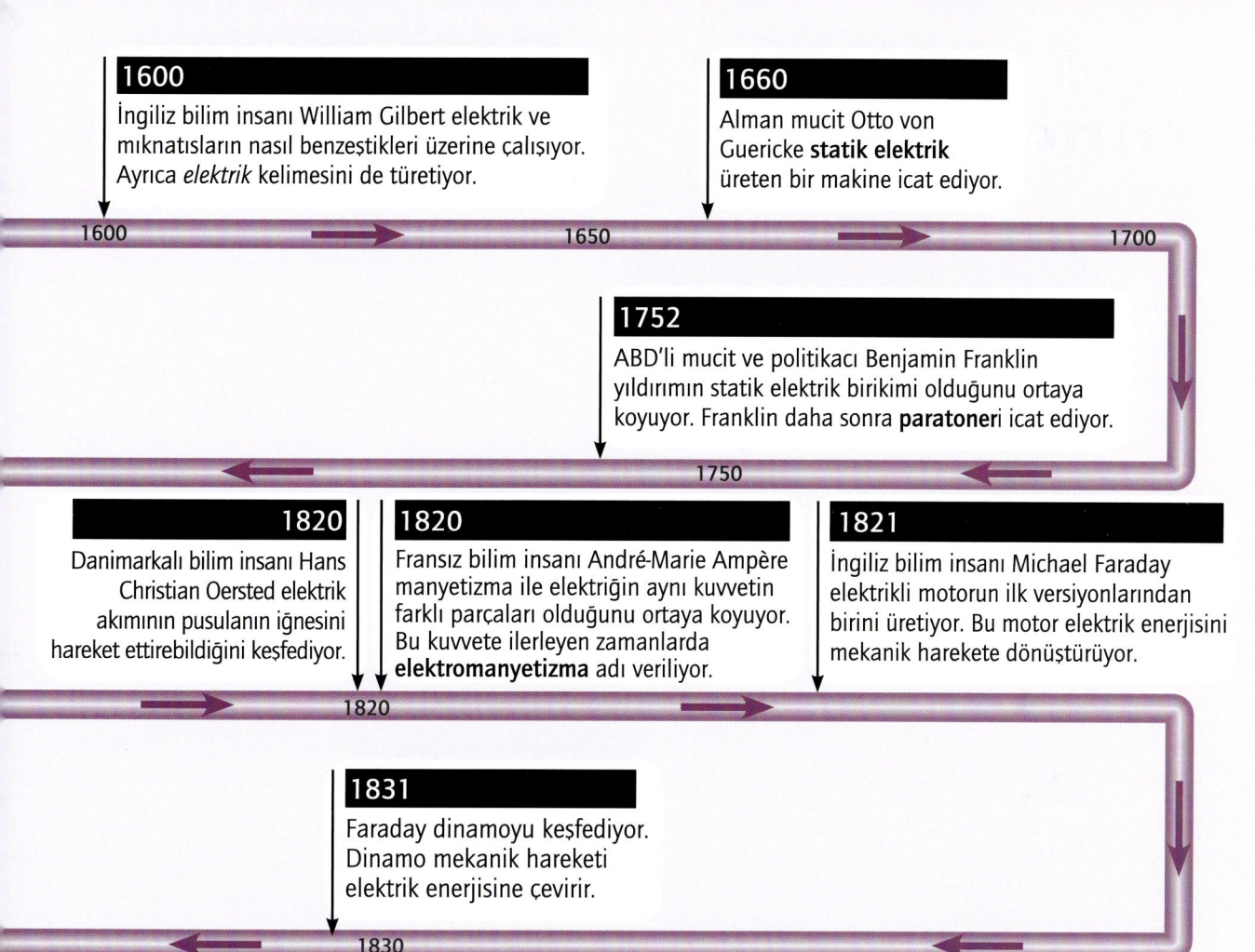

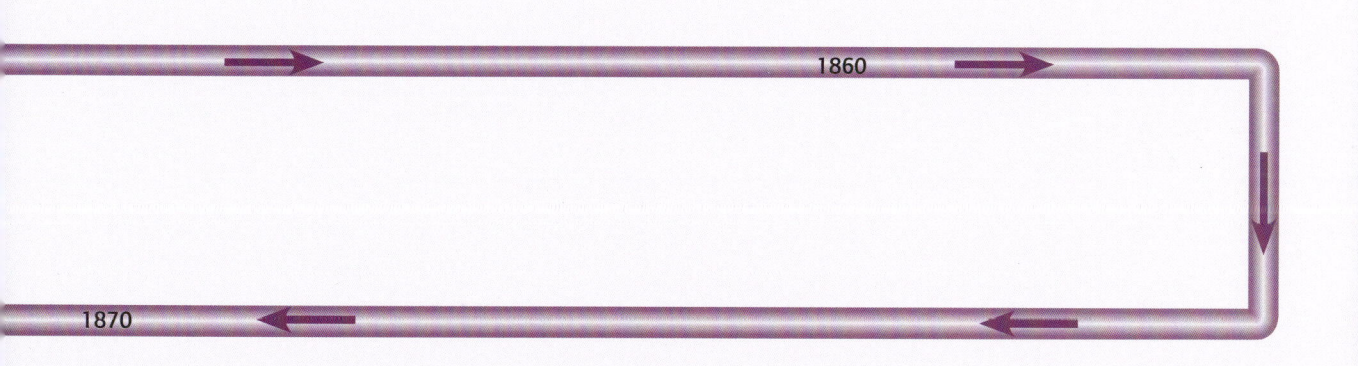

1600
İngiliz bilim insanı William Gilbert elektrik ve mıknatısların nasıl benzeştikleri üzerine çalışıyor. Ayrıca *elektrik* kelimesini de türetiyor.

1660
Alman mucit Otto von Guericke **statik elektrik** üreten bir makine icat ediyor.

1752
ABD'li mucit ve politikacı Benjamin Franklin yıldırımın statik elektrik birikimi olduğunu ortaya koyuyor. Franklin daha sonra **paratoner**i icat ediyor.

1820
Danimarkalı bilim insanı Hans Christian Oersted elektrik akımının pusulanın iğnesini hareket ettirebildiğini keşfediyor.

1820
Fransız bilim insanı André-Marie Ampère manyetizma ile elektriğin aynı kuvvetin farklı parçaları olduğunu ortaya koyuyor. Bu kuvvete ilerleyen zamanlarda **elektromanyetizma** adı veriliyor.

1821
İngiliz bilim insanı Michael Faraday elektrikli motorun ilk versiyonlarından birini üretiyor. Bu motor elektrik enerjisini mekanik harekete dönüştürüyor.

1831
Faraday dinamoyu keşfediyor. Dinamo mekanik hareketi elektrik enerjisine çevirir.

Sözlük

akım Elektronların akışı. Elektrik akımı tel gibi bir iletkenin üzerinden akar.

akım elektriği Elektronların sürekli akışı. Akım elektriğinin tersi statik elektriktir.

alternatif akım (AC) Elektrik yüklerinin teller üzerinde çok hızla ileri geri titreştiği elektrik enerjisi akışı. Alternatif akım, evlerde kullanılan elektrik enerjisi türüdür.

atom Nesnelerin en küçük yapı taşlarından biri. Atomlar parçalandığında veya birleştirildiğinde enerji ortaya çıkar.

batarya (pil) Metal ve kimyasal kullanarak elektrik enerjisi üreten bir araç. Bataryalar (piller) doğru akım (DC) kullanır.

devre Elektrik akımının izlediği yol. Elektrik akımı ancak devre tamamlanırsa ve kesintiye uğramazsa ilerler.

doğru akım (DC) Elektrik yüklerinin sadece tek bir yöne aktığı elektrik enerjisi akışı. Doğru akım el feneri gibi küçük elektronik aletlerde kullanılır.

elektrik santrali Elektriğin üretildiği bina.

elektromanyetizma Elektrik ile manyetizma arasındaki ilişki; ayrıca bir metal parçası üzerinden elektrik akımı vererek oluşturulan manyetizma.

elektromıknatıs Elektrik akımı ile oluşturulan mıknatıs. Elektromıknatıslar dünyanın en güçlü mıknatıslarıdır.

elektron Atomun içindeki negatif yüklü parçacık. Elektronlar atomun çekirdeğinde bulunur.

enerji Değişikliğe neden olabilme yeteneği. Elektrik bir enerji türüdür.

iletken Metal gibi elektrik akımının kolayca akmasına izin veren malzemeler. Metallerin çoğu yaygın olarak kullanılan iletkenlerdir.

jeneratör Elektrik enerjisi üreten makine. Jeneratör evinize elektrik sağlar.

kısa devre Elektrik tellerinin birbirlerine teması. Kısa devre, ısının artmasına ve yangınlara yol açabilir.

kirletmek Çevreyi pisletmek. Elektrik üretmek için kömür ya da petrol yakmak havayı kirletir.

paratoner Binaları yıldırımdan koruyan icat. Paratoneri Benjamin Franklin icat etmiştir.

parçacık Bir atomun çekirdeğini (merkezini) oluşturan nesne. Parçacıklar elektronları, protonları ve nötronları içerir.

proton Atomun içindeki pozitif yüklü parçacık. Protonlar atomun çekirdeğinde bulunur.

statik elektrik Elektronların birikmesi ya da azalması. Statik elektriğin tersi akım elektriğidir.

yalıtkan Enerjinin geçişini engelleyen malzeme. Plastik yaygın kullanılan bir yalıtkandır.

yarı iletken Silikon gibi iletken ya da yalıtkan görevi görebilen malzemeler. Bu ifade aynı zamanda elektrik akımını kontrol etmek için kullanılan ve yarı iletken malzemeden yapılan elektronik aletler için de kullanılır.

yük Belli bir elektrik miktarı. Örneğin, bir balonu bir kumaşa sürtmek elektrik yükü üretir.

Dizin

akım 7, 8, 9, 14, 17, 20, 21
    AC/DC 14-15, 19
alternatif akım (AC) 14, 15, 19
ampuller 12, 18
    floresan 24, 25
Ampère, André-Marie 11
atomlar 6-7, 8, 10, 22
    çekirdek 6, 7
    parçacıklar 6-7, 10
    bölünme 13

bakır tel 9
bataryalar 17, 20, 21, 27
bobinler 20, 21
çekirdek 6, 7
devreler 12-15
    kısa devre 14, 23
dinamolar 18
diyot 9
doğal gaz 13
doğru akım (DC) 14
duvardaki prizler ve soketler 11, 25

Edison, Thomas 18-19
elektrik çarpması 11, 25
elektrik enerjisi (elektrik) 6, 14, 17, 18, 22, 24, 26, 27
    elektrik akımı 10, 11
    statik elektrik 4, 10-11, 16
    tarihi 5, 16-19
elektrik hatları 13, 25
elektrik sinyalleri 4, 9, 22-23
elektrikli arabalar 27
elektrikli motorlar 7, 18, 20, 21
elektrik santralleri 13, 19
elektrikli yılan balığı 23
elektroansefalograf (EEG) 23
elektrokardiyogram (EKG) 22
elektrolit 21
elektrotlar 21
elektromanyetizma 11, 20, 21
elektronlar 7, 8, 9, 10, 11, 12, 24
enerji 6, 24

enerji nakil hatları 13
enerji tasarrufu 24-25
    güneş enerjisi 13, 27
    ısı enerjisi 13
    rüzgâr enerjisi 12, 27

Faraday, Michael 18
fırtına 4
floresan ışıklar 15, 25
Frankenstein 5
Franklin, Benjamin 16, 17

Gilbert, William 5
Guericke, Otto von 16
güneş panelleri 13, 27
güvenlik 4, 5

hayvanlar 4, 23
hibrit arabalar 27

ısı enerjisi 13
ışık düğmeleri 13

iklim değişikliği 26
iletkenler 8, 9, 11

jeneratörler 13, 18

kablolar 25
karıncalar 23
kehribar 4, 5
kısa devreler 14, 23
kirlilik 24, 26
kömür 13, 24, 26

mekanik hareket 18
metaller 8

negatif 7, 10, 12
nötronlar 7
nükleer enerji 13

Oersted, Hans Christian 11

paratoner 17
parçacıklar 6-7
    elektronlar 7, 8, 9, 10, 11, 12, 24
    nötronlar 7
    protonlar 7
    büyüklükleri 7
petrol 13, 24, 26, 27
pil 7, 9, 12, 14

radyo 15

Shelley, Mary 5
silikon 9
sinirler 22

telgraf 18
Tesla, Nikola 15, 19
Thales 5

Volta, Alessandro 17
volt 17
vücut, insan 8, 22-23

yalıtkanlar 9
yarı iletkenler 9
yıldırım 16, 17
yük 7, 22

Görseller

Yayıncı kuruluş, telif hakkına konu malzemenin çoğaltılmasına izin veren ve aşağıda anılan kişi ve kuruluşlara teşekkürlerini sunar:

©akg-images s.5; Alamy s. 9 (Helene Rogers); Corbis s. 6 (Visuals Unlimited), 14 (©David Michael Zimmerman), 15 (©Bettmann), 16 (©Paul A. Souders), 18 (© Bettmann), 19, 22, (© Lester Lefkowitz), 23 (Visuals Unlimited), 26 (© David Burton/Beatworks); Dorling Kindersley s. 4 (© Clive Streeter), 10; Getty Images s. 21 (The Image Bank/ Jeffery Collidge), 25 (© Steve Lewis); photolibrary.com s. 11; Science Photo Library s. 8, 17, 24, 27; Shutterstock s. iii (© Graham S. Klotz).

Bir plazma küresi içerisindeki ışık huzmeleri fotoğrafı Science Photo Library'nin izniyle kapak fotoğrafı olarak kullanılmıştır (© Simon Terrey).

Bu kitapta kullanılan materyallerin hak sahiplerine ulaşmak için her türlü çaba gösterilmiştir. Yayıncıya bildirilmesi durumunda her türlü eksiklik sonraki basımlarda giderilecektir.